BEI GRIN MACHT SICH IHR WISSEN BEZAHLT

- Wir veröffentlichen Ihre Hausarbeit,
  Bachelor- und Masterarbeit

- Ihr eigenes eBook und Buch -
  weltweit in allen wichtigen Shops

- Verdienen Sie an jedem Verkauf

Jetzt bei www.GRIN.com hochladen
und kostenlos publizieren

Peter Latzke

Küstenformen der Nordsee

GRIN Verlag

Bibliografische Information der Deutschen Nationalbibliothek:

Die Deutsche Bibliothek verzeichnet diese Publikation in der Deutschen National-
bibliografie; detaillierte bibliografische Daten sind im Internet über http://dnb.d-
nb.de/ abrufbar.

Impressum:

Copyright © 2004 GRIN Verlag GmbH
Druck und Bindung: Books on Demand GmbH, Norderstedt Germany
ISBN: 978-3-638-94775-6

Dieses Buch bei GRIN:

http://www.grin.com/de/e-book/44049/kuestenformen-der-nordsee

GRIN - Your knowledge has value

Der GRIN Verlag publiziert seit 1998 wissenschaftliche Arbeiten von Studenten, Hochschullehrern und anderen Akademikern als eBook und gedrucktes Buch. Die Verlagswebsite www.grin.com ist die ideale Plattform zur Veröffentlichung von Hausarbeiten, Abschlussarbeiten, wissenschaftlichen Aufsätzen, Dissertationen und Fachbüchern.

Besuchen Sie uns im Internet:

http://www.grin.com/

http://www.facebook.com/grincom

http://www.twitter.com/grin_com

Katholische Universität Eichstätt

Mathematisch-Geographische Fakultät

P.S.: Physische Geographie II

Küstenformen der Nordsee

Referat: 8.6.2004

von Peter Latzke

Sedimentation im Wattenmeer und der Nordsee am 18.12. 2003

Gliederung:

Einleitung

Einleitung

Nach Definitionen von Gierloff-Emden (1980), Kelletat (1989), Ahnert (1996) ist die Küste eine Konfrontationszone zwischen Hydrosphäre, Atmosphäre und der Lithosphäre. Geomorphologisch sichtbar ist diese Auseinandersetzung der Elemente v.a. im direkten Uferbereich, einem Übergangssaum zwischen Land und Meer, der mal eher der einen, mal eher der anderen Gewalt unterliegt. Alle drei Einflussgrößen haben für sich allein gesprochen bereits genügend geomorphologisches Potential, um ihnen in ihrer Vielzahl von Fassetten jeweils einen eigenen Aufsatz zu widmen. Entsprechend groß ist die Vielfalt an Formen und Prozessen, wenn alle drei Größen aufeinanderprallen. Verschiedene Verwitterungsvorgänge an verschiedenen Ausgangsgesteinen in verschiedenen Regelmäßigkeiten führen zu einer Formenfülle, die dieser Aufsatz nicht erfassen kann. Es ist auch nicht das Ziel, die Formgebungen der Nordseeküsten zu katalogisieren. Vielmehr ist mein Ziel, diejenigen Prozesse zu erklären, die zur Küstenbildung im Allgemeinen führen, bzw. die Bildung der deutschen Wattenküste im speziellen zu beleuchten.

1.   Prozesse der Küstenformung

1.1   Einleitung

Wie bereits erwähnt, ist der Ort der stärksten geomorphologischen Aktivität im Küstenraum das Ufer. Es verlagert sich mit der Höhe des Wasserstandes nach klimatischen Veränderungen oder im Rhythmus der Gezeiten. Die litorale Formgebung ist unmittelbar an das Niveau des Meeresspiegels gebunden.

Über einen erdgeschichtlichen Zeitraum betrachtet kam es durch aufeinander folgende globale Kälte- oder Wärmeperioden zu **eustatischen Bewegungen** des Meeresspiegels. Einen Anstieg des Meeresspiegels bezeichnet man als **Trans-** ein Absinken desselben als **Regression**. Darüber hinaus kann eine Veränderung der Küste auch an tektonischen oder isostatischen Bewegungen der Erdkruste liegen, wie es beispielsweise in Norwegen der Fall war. Norwegen hat sich nach dem Abtauen der Eismassen der letzten Kälteperiode sukzessive gehoben und tut das auch noch heute (Becht M., Vorlesung E 5020, KU-Eichstätt, 18.05.04).

Verglichen mit den Zeiträumen und Prozessen, die beispielsweise bei der Einrumpfung eines Gebirges wirken, ist die **Zeitspanne**, in der sich eine Küste verändert relativ **kurz**. Dennoch sind die Veränderungen in diesem kürzeren Zeitraum oftmals sehr stark. Hier liegt ein deutlicher Indikator für die enorme Energie, die in der Küstenbildung absorbiert wird. Die Umwandlung dieser Energie erfolgt durch Umsetzung in **geomorphologische Arbeit**, die sich meist in der Brandungszone in Ufernähe entfaltet. Hier schlägt sie sich in der litoralen Serie nieder.

1.2   Küstenentwicklung nach Valentin

Einen schematischen Überblick über die Entwicklung der Küstenformen hat 1952 Valentin aufgestellt. Demnach gehen im Wesentlichen zwei Faktoren auf die Küstenentwicklung ein: erstens die bereits angesprochene **Vertikalbewegung** von Land oder Meeresspiegel und zweitens die kontinuierliche Arbeit von Gezeiten, Brandung und Strömung, zusammengefasst unter **Abrasion und Sedimentation**.

Dementsprechend gibt es auch nur zwei übergeordnete Wandlungen in der geographischen Veränderlichkeit von Küsten. Küsten rücken entweder vor, der Uferbereich breitet sich also seewärts aus, oder sie weichen zurück, das Meer nimmt nun einen vormaligen nicht überfluteten Bereich für sich ein (Ahnert, F. 1996, S. 358). Dem beigefügten Schaubild von Valentin ist dieser Sachverhalt noch einmal grafisch zu entnehmen.

Quelle:
Schema der Küstenentwicklung nach Valentin
In: Ahnert F. (1996), S. 359

Die Gründe für zurückweichende Küste können ganz verschieden sein. Beispielsweise führen endogene Prozesse in der Erde, wie Faltungen oder ein Felsrutsch in Folge eines Erdbebens, oder der Kollaps einer Vulkaninsel, zu einem solchen „Verschwinden" von Küste. Weiterhin zählen die mechanische Zerstörung durch Wellen, die chemische Zerstörung des Küstenausgangsgesteins durch das Wasser und die Zerstörung durch Pflanzen und Tiere (Bioerosion) zu den Auslösern von Küstenzerstörung (Kelletat, D. 1989, S. 97).

Auch die Aufbauvorgänge sind äußerst differenziert, wobei die Akkumulation von Lockermaterial vorherrscht. Dazu gehören neben den Ablagerungen verschiedener Flüsse v.a. all jene Aufbauformen, die durch die Brandung hervorgerufen wurden, wie Strandwälle oder die seitliche Materialversetzung, die zu sog. Strandhaken führen kann Kelletat, D. 1989, S. 100f).

Im folgenden Schaubild sind die diversen Klassen der Küstensysteme nocheinmal der Vollständigkeit halber vereinfacht nach Valentin dargestellt.

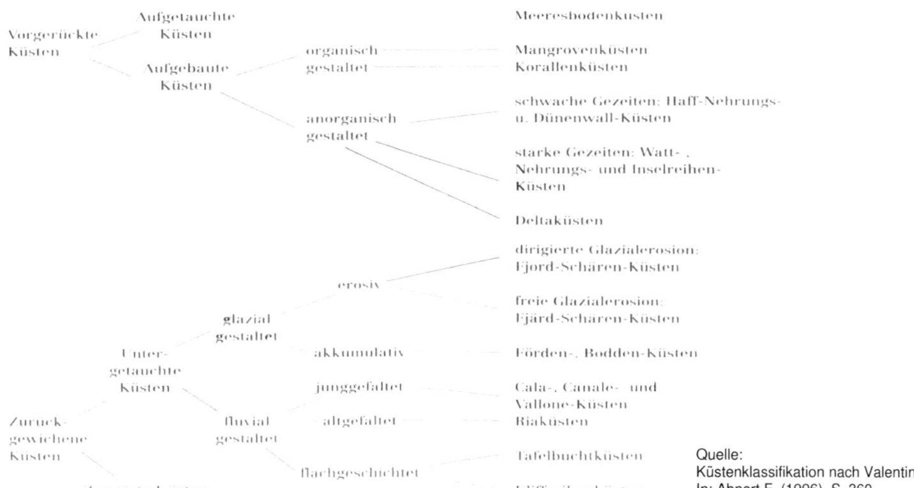

Quelle:
Küstenklassifikation nach Valentin
In: Ahnert F. (1996), S. 360

1.3   Litorale Serie

Man unterscheidet grundsätzlich zwei verschiedene Formen der typischen, durch das Meer geschaffenen Formgebungen an der Küste. Zum einen die **litorale Serie** (litoral = die Küste betreffend) der **Felskliffküste** und zum anderen die litorale Serie der **Lockermaterialküste**. Da im Bezug auf die Nordsee die Felskliffküste mit einigen Ausnahmen in Großbritannien und auf Sylt nicht vorkommt, soll sie hier nur der Vollständigkeit halber erwähnt sein. Die für die Nordsee relevante Form der litoralen Lockermaterialküste ist im Folgenden dargestellt.

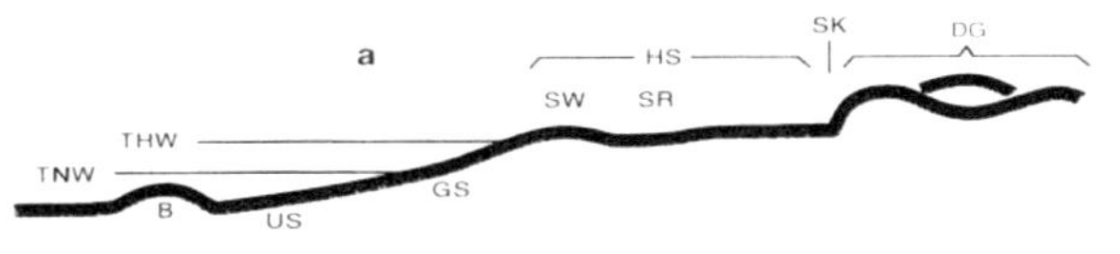

Abb. 23.2. Litorale Serie (schematisch). a: Lockermaterialküste. B: Barre; US: Unterwasserschorre; GS: Gezeitenschorre; SW: Strandwall; SR: Strandrinne; HS: Hochschorre; SK: Sandkliff; DG: Dünengürtel.

Quelle: Ahnert F. (1996), S. 358

Im dauerhaft überfluteten Teil des Eingangs besprochenen Ufersaumes bildet sich ein Sand- oder Kiesriff, als **Barre** bezeichnet. Mehrere Barren können in unterschiedlicher Ausprägung hintereinander liegen, in ihrer Ausrichtung immer uferparallel. Die Barre leitet die Brechung der Welle ein, und ist somit der Anfangspunkt der geomorphologischen Einwirkung des Meeres auf die Küste.

Direkt daran schließt sich die **Schorre** an. Sie ist eine (mehr oder weniger) kontinuierlich ansteigende Fläche, auf der die Welle ausläuft. Sie ist unterteilt in Unterwasserschorre, Gezeitenschorre und Hochschorre. Die **Unterwasserschorre** ist dabei der Teil des ansteigenden Ufers, der immer überflutet ist. Oberhalb von ihr liegt die **Gezeitenschorre**. Sie beschreibt den Uferbereich zwischen dem Tidenniedrigwasser (Ebbe) und dem Tidenhochwasser (Flut), und kann in Abhängigkeit von der Schwankung der Gezeiten selbst in ihrer Linie variieren. Die **Hochschorre** ist der Teil des Strandes, der nur bei Stürmen überspült wird. Deshalb wird sie auch Sturmschorre genannt. Sie wird in Seerichtung von einem sog. Strandwall begrenzt, ein wenige Dezimeter aufragender und flach ansteigender Wall, in uferparalleler Verlaufsrichtung, dem landeinwärts eine Strandrinne vorgelagert ist.

Ein (häufig bewachsener) **Dünengürtel** begrenzt die Hochschorre in Landesrichtung. Grenze zwischen Dünengürtel und Hochschorre bildet oftmals ein Sandkliff, welches durch aufgepeitschte Sturmwellen abgetragen wurde und so die charakteristische steile Form erhielt (Ahnert, F. 1996, S. 257f).

2.   Wellen

2.1   Physikalische Grundlagen der Wellenbewegung

Die treibende Kraft im Bezug auf das im Vergleich zur gesamten Küste kleinräumig abgegrenzte System Strand ist die Brandung. Brandung entsteht aus Wellen, und diese sind „Formen des [transversalen] Energietransportes. Der Wassertransport ist gering."(Gierloff-Emden H.-G. 1980, S. 584f)

Damit Wellen entstehen können, ist das Einwirken von **Wind** an der Wasseroberfläche unerlässlich. Durch die Reibung zweier unterschiedlicher Medien kommt es an deren Oberfläche zu einer Schwingung, die sich zu einer gleichmäßigen, **sinusförmigen Welle** ausbaut. Dabei sind für die Größe der Welle zwei Faktoren wichtig. Erstens der sog. **Fetch.** Der Fetch ist die Fläche, über die der Wind konstant und ungehindert aus einer Richtung wehen kann. Dabei ist die zur vollen Entfaltung des Seegangs benötigte Fläche abhängig von der Geschwindigkeit des Windes. Je schneller der Wind, desto mehr Fläche wird benötigt. Der zweite Faktor ist der **Zeitraum**, in dem der Wind konstant aus einer Richtung weht. Die Wellenhöhe steigt mit zunehmender Einwirkzeit des Windes zunächst rasch an. Mit der Höhe der Windgeschwindigkeit steigt aber die zur Energieübertragung notwendige Zeit exponentiell an. Die einmal erzeugten Wellen bleiben nach Abflauen des Windes bestehen und breiten sich unter sehr allmählicher energetischer Abschwächung, ihrer Bewegungsrichtung entsprechend, als Dünung aus (Kelletat, D. 1989 S.59 - 61).

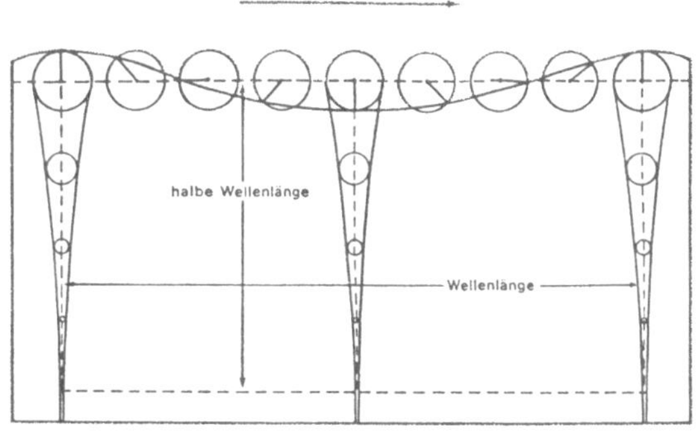

Quelle:
Orbitalbahnen der Wasserteilchen bei Wellen im tiefen Wasser
In: Kelletat D. (1989), S. 60

Im Gegensatz zu der Fortbewegung der Welle vollführen die Wasserteilchen an Ort und Stelle eine Kreisbewegung, auf sog. **Orbitalbahnen**. Dabei bewegen sich die Teilchen auf der Vorderseite der Welle aufwärts. Auf dem Wellenkamm werden sie ein wenig in horizontaler Richtung vorwärts getragen, um dann auf der Rückseite des Berges eine Abwärtsbewegung einzuleiten. Im Wellental bewegt sich das Teilchen rückwärts und wird dann vom nächsten Wellenberg wieder angehoben. Die Kreisbewegung der Teilchen lässt sich bis in eine **Tiefe** von der **halben Wellenlänge** nachweisen.

Für die Bestimmung von Wellen sind drei Faktoren maßgeblich: erstens die **Wellenlänge λ**, das ist die Distanz von Wellenkamm zu Wellenkamm in Metern. Zweitens die **Wellengeschwindigkeit C**. Sie beschreibt die Geschwindigkeit, mit der sich die Energie einer Welle räumlich ausbreitet in m/s. Und drittens die **Wellenperiode T**, Ausdruck für die Zeitdauer in Sekunden, in der zwei aufeinander folgende Wellenberge den gleichen Messpunkt passieren. Zusammen ergibt sich daraus für Wasser, das tiefer ist als eine halbe Wellenlänge die Funktionalbeziehung:

$$C = \lambda/T \qquad \text{(Ahnert, F. 1996, S. 369)}$$

2.2   Refraktion

Die sich ausbreitende Welle trifft im Normalfall schräg auf den Uferbereich auf. Der dem Ufer nahe Teil wird von der immer geringer werdenden Wassertiefe gebremst. Das ist dann der Fall, wenn die Wassertiefe unter der halben Wellenlänge liegt, und die untersten Teilchen auf ihren Orbitalbahnen nicht mehr ungehindert die Kreisbewegung durchführen können. Der gebremste Teil der Welle schwenkt dadurch in Uferrichtung ein, ein Prozess, der sich durch die gesamte Längsausdehnung des Wellenberges zieht, solange der Uferbereich ansteigt. Die **Refraktion** ist der Grund, weshalb die **Welle** immer beinahe **senkrecht auf den Strand** aufläuft.

Mit der Verminderung der Wellengeschwindigkeit C vermindert sich natürlich auch die Wellenlänge λ, während die Wellenperiode T die gleiche bleibt. Die Welle wird gestaucht. Durch das Auflaufen auf den Strand wird die **Vorderseite stärker gebremst** als die Hinterseite des Wellenberges, die infolge dessen aufläuft. Der **Wellenberg höht sich** auf, die beiden Flanken werden steiler.

2.3   Sedimentation durch Brandung

Dieser Prozess verschärft sich solange, bis die Vorderseite des Wellenhanges instabil wird und vorwärts zusammenbricht. Eine auflaufende Welle wird so zur **Brandung**. Dabei kann man drei verschiedene Arten des Brechens beobachten, die von dem **Gefälle des Untergrundes** abhängen. An flachen Stränden erfolgt der Aufbau des Brechers allmählich. Der Wellenkamm bricht schäumend vornüber und „fließt" den Vorderhang herab. Man nennt dieses einen **Schwallbrecher.** Steigt das Gefälle stärker an, so wird auch die Vorderseite der Welle stärker abgebremst. Der sich aufbauende Kamm gewinnt schnell an Höhe, bis er über den noch immer stark bremsenden Vorderhang stürzt. Es entsteht ein **Sturzbrecher.** Der dritte Fall ist gegeben, wenn die Welle direkt, also ohne nennenswerte Verzögerung auf das Ufer prallt, wie es z.B. bei einer Steilküste der Fall sein kann. Man spricht von **Aufprall**- oder **Reflexionsbrecher.**

Durch die Wucht der Brandung werden am Grund Partikel aufgewühlt, die nun vom Wasser als Schwebfracht mitgetragen werden. Gleichzeitig **verwandelt** sich die ursprüngliche **Kreisbewegung** der Teilchen in eine sich horizontal fortschreitende **Translationswelle.** Das Wasser schießt nun mitsamt der Schwebfracht die

Strandböschung hinauf, wo sie ausläuft. Am höchsten Punkt dieses Auflaufens **kentert** die Strömung, d.h sie verkehrt ihre Richtung, und die Fracht lagert sich auf dem Strand ab. Da ein Teil des Wassers in den Poren des Sandes versickert, ist die erosive Kraft geringer, als die, die das Wasser anfangs auf das Ufer spülte. So kommt es zu einem Nettomaterialtransport auf das Ufer.

Dadurch, dass die rücklaufende Welle von der neuen Auflaufenden gebremst wird kommt es ufernah zu einem Rückstau des Wassers. Dieser Stau entlädt sich an einigen Stellen, an denen die zurückdrängenden Wassermassen die auflaufende Welle durchbrechen. Sie fließen als **Ripströme** mit beträchtlicher Geschwindigkeit aber nur sehr geringer Breite zurück ins Meer und enden jenseits der Brandung. Sie liegen in regelmäßigen Abständen auf der Länge des Strandes verteilt (Ahnert, F. 1996, S. 370f).

2.4 Küstenversatz

Trotz Refraktion kommt es durch seitlichen Wind oft zu einer nicht ganz parallelen Ausrichtung der Wellen entlang des Ufers. So rollt auch die Brandung zumeist leicht schräg auf die Küste auf. Das rückfließende Wasser und mit ihm die Schwebfracht fließt aber dem Gefälle des Strandes folgend senkrecht wieder ins Meer. Die nächste Welle nimmt die **Fracht** wieder auf, und transportiert diese, leicht **versetzt, in Leerichtung** zurück auf den Strand. Das Sediment beschreibt also einen Zickzack-Kurs entlang des Ufers, bis in Leerichtung keine weitere Auflauffläche gegeben ist, sich die Strömung beruhigt, und die Fracht abgelagert werden kann. Auf diese Weise entstanden die **Ausgleichsküsten** vor Dänemark, oder auch verschiedene **Nährungen** und Haffs, wie sie eher in der Ostsee zu beobachten sind (www.satgeo.zum.de).

3. Gezeiten

3.1 Physikalische Grundlagen

Das Meer steigt und fällt **regelmäßig** zweimal am Tag. Diese Erscheinung wird Ebbe und Flut, bzw. zusammen **Tide**, genannt. Der Unterschied zwischen dem durchschnittlichen Tidenhochstand und dem durchschnittlichen Tidenniedrigstand kann von wenigen Zentimetern bis zu einigen Metern reichen. Tide entsteht im Zusammenspiel von zwei verschiedenen Kräften, die beide auf den Wassermantel der

Erde einwirken. Das sind erstens der Einfluss der **Massenanziehung** von Mond und Sonne auf die Erde und zweitens die **Fliehkraft** des rotierenden **Zwei-Körper-Systems** von Erde und Mond.

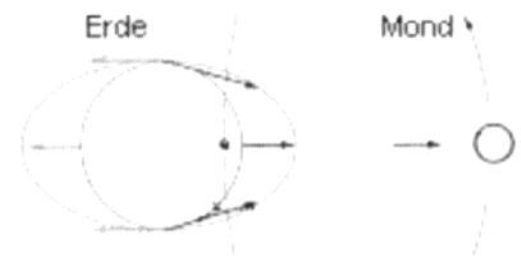

Quelle:
Einwirkung des Mondes auf die Gezeiten
In: Nordwestreisemagazin. de

Das Schwerkraftzentrum des Mond/Erde-Systems befindet sich im Inneren unseres Planeten. Durch Rotation des Systems um seinen Schwerpunkt werden Fliehkräfte erzeugt, hier mit hellen Pfeilen dargestellt, die der Anziehung des Mondes entgegen wirken. Auf der dem Mond zugewandten Seite der Erde herrschen die Massenanziehungskräfte vor, die das Wasser zu einem Flutberg „zusammenziehen". Auf der dem Mond abgewandten Seite haben Fliehkräfte, die aus der Rotation des Doppelsystems Erde/Mond resultieren, einen so großen Einfluss auf den Wassermantel der Erde, dass ein weiterer Flutberg gebildet wird. Dabei entsprechen sich die beiden Wasserberge in Masse und Ausdehnung aus Gründen des Gleichgewichts exakt.

Diese beiden Wellenberge sind in der Modellvorstellung als statisch zu betrachten, der eine dem Mond zu-, der andere dem Mond abgewandt. Wenn man den Gedanken der „stehenden" Wellenberge akzeptiert hat, ist es nur noch ein kleiner Schritt zu den Gezeiten: die **Erde läuft** gewissermaßen **unter diesen Wellenbergen durch**. Dabei entspricht eine Erdrotation, also ein Tag mit 24 Stunden, dem Durchlauf einer gesamten Tideperiode mit zwei Wasserbergen. Wegen der **Eigenbewegung des Mondes** um die Erde verzögert sich aber diese Periode um 50 Minuten pro Tag. Diese 50 Minuten entsprechen dem Zeitraum, den der Mond nun „Vorsprung" gegenüber der gestrigen Position hat. Die Dauer eines vollständigen Gezeitendurchlaufes beträgt also **24 Stunden und 50 Minuten.** Von Wellenberg zu Wellenberg vergehen 12 Stunden und 25 Minuten (Ahnert, F. 1996, S. 361, 363f).

In der Realität variiert das Auftreten der Gezeiten jedoch stark, abhängig von Küstenformen, Wassertiefen und Rücklaufwellen. An dieser Stelle seien randlich **Amphpidromien** erwähnt, nahezu Gezeitenlose Bereiche, von der aus, durch die Corioliskraft drehend, Linien gleichen Fluteintrittes ausgehen. So entsteht ein kompliziertes und nur schwer berechenbares System der tatsächlichen Tideverläufe (Kelletat, D. 1989, S. 65).

3.2   Spring- und Nipptide

Auch die Stellung des Mondes zur Sonne beeinträchtigt die Gezeiten. Der Mond ist zwar in seinem Zusammenspiel mit der Erde für die Entstehung der Gezeiten ausschlaggebend, doch auch die Massenanziehung der Sonne hat eine Auswirkung auf den Tideverlauf.

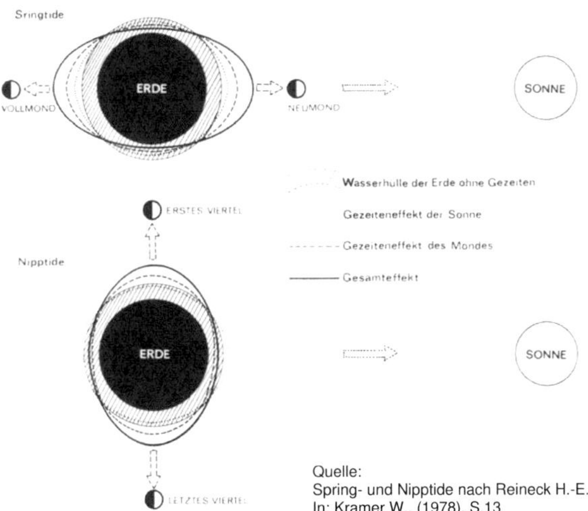

Quelle:
Spring- und Nipptide nach Reineck H.-E.
In: Kramer W., (1978), S.13

Bei Voll und Neumond stehen die drei **Himmelskörper auf einer Achse.** Die Anziehungskraft des Mondes wird durch die der Sonne noch verstärkt. Folge ist eine besonders starke Ausprägung des Wellenberges. Entsprechend hoch ist dann auch der Tidenhochstand, man nennt eine solche Flut **Springtide**.

Dem gegenüber steht eine **rechtwinklige Konstellation** zwischen dem Mond, der Erde, als Anlegepunkt des Winkels, und der Sonne. Diese Situation ist bei Halbmond gegeben. Die Gravitationskräfte von Mond und Sonne arbeiten gegen einander. Durch den Einfluss der Sonne werden die beiden ursprünglichen Wellenberge abgeflacht und die Wassermassen finden eine etwas ausgeglichenere Verteilung auf dem Erdball. Die Flut erreicht nur eine geringe Höhe, man nennt diese Erscheinung **Nipptide** (Ahnert, F. 1996, S. 361).

3.3   Tidenhub und Tidenströmung

Unter **Tidenhub** versteht man die Differenz zwischen Tidenhoch- und Tidenniedrigstand. Je geringer der Tidenhub ist, desto kleiner ist die Uferfläche, auf der die geomorphologische Kraft des Wassers, wie z.B. Brandungswellen, absorbiert werden muss, desto stärker ist also ihre Auswirkung pro Fläche. Umgekehrt bedeutet ein großer

Tidenhub, dass die Wirkung des Wassers auf eine weitere Fläche verteilt wird, ihre gestalterische Wirkung pro Uferfläche also geringer bleibt.

Der Wasseranstieg, bzw. das Abfallen des Meeresspiegels ist mit der sog. **Tidenströmung** verbunden. Dabei bezeichnet „**Flut**" die Strömung, die in der Richtung der Gezeitenwelle läuft, und „**Ebbe**" die der Gezeitenwelle entgegengerichtete Strömung. Je größer der Tidenhub, desto größer ist die dabei entstehend Strömung. In Ausnahmen kann auch ein kleiner Tidenhub eine große Strömung nach sich ziehen, nämlich dann, wenn eine relativ voluminöse Bucht nur durch einen kleinen Zugang mit dem Meer verbunden ist. In diesem Durchgang können hohe Fließgeschwindigkeiten entstehen. Die Fließrichtung wechselt ihre Richtung auf halber Höhe zwischen Hoch- und Niedrigwasser. Die Strömung „**kentert**" (Ahnert, F. 1996, S. 363f).

Diese Strömung ist mit der Brandung zusammen verantwortlich für einen großen Teil der in Küstennähe bewegten Materie, ihre Abtragung, ihren Transport und auch für ihre Sedimentation.

4.   Die Watten

4.1   Überblick über die Genese der heutigen Nordsee

Das Wattenmeer ist ein Paradebeispiel für den geomorphologischen Einfluss der Gezeiten. Doch damit es entstehen kann, wie es nur an wenigen stellen der Erde der Fall war, ist ein kurzer Überblick über Entstehung notwendig. Hier ist sie am Beispiel der Deutschen Bucht erklärt.

Vor 18.000 Jahren, während des Maximums der **Weichsel-Kaltzeit** befand sich der Meeresspiegel der Nordsee zwischen 130 und 110 Metern unter heutigem Niveau (NN = Normal Null). Zu Anfang des Holozäns, vor 10.000 Jahren, war bereits die Hälfte des europäischen Festlandeises abgeschmolzen, und somit war der Meeresspiegel auf 65 Meter unter NN angestiegen. Die nördliche **Doggerbank**, heute in Mitten der Nordsee und noch weiter nördlich, bildete damals die Küste der Ur-Nordsee. Weitere 5.000 Jahre später war dann auch der laurentische Eisschild über Nordamerika verschwunden und der Meersspiegel auf ein Niveau von 7 Metern unter NN angestiegen, und stieg seitdem durchschnittlich um 14 cm pro Jahrhundert durch isostatische Ausgleichsbewegungen. (Hofstede, J. 1991, S. 5). Dieser Anstieg war jedoch nicht so gleichmäßig, wie der Durchschnittswert annehmen läßt. Stärkere Schwankungen gab es in der kürzeren Geschichte der Nordsee immer wieder.

Den Untergrund des Nordseebeckens bilden glaziale Sedimente aus früheren Eiszeiten. Von Norden her hatten die Eismassen der **Saale-Eiszeit** Material in die deutsche Bucht getragen. So bildete sich der **pleistozäne Untergrund** des Wattenmeeres, mit Endmoränenwällen, und weit ausgedehnten Sanderflächen in deren südlich gelegenen Vorfeld. (Behre, K.-E. 1978, S. 39).

Die Endmoräne schirmte den davor liegenden Bereich der Sanderflächen gegen die ansteigenden Wassermassen der Nordsee ab. Die dahinter liegende Niederung war nur durch schmale Passagen, den ursprünglichen Schmelzwasserabflüssen der pleistozänen Glätscher, mit dem auflaufenden Wasser verbunden. So absorbierte dieser Moränenwall einen Großteil der Seegangsenergie. Hinter ihm, also in der der Küste zugewandten Richtung, konnten sich das einlaufende Wasser beruhigen und nun feine Partikel ablagern, die so Sandplaten und die Watten bildeten (Taubert, A. 1986, S. 222f).

4.2   Inselbildung

Dieser pleistozäne Untergrund bildete vielerorts die Basis für die späteren Nordseeinseln. Durch Nipp- und Springtiden bzw. Regessionsphasen kommt es am gleichen Ort zu unterschiedlichen Überflutungsständen. Bleibt eine **Sand- oder Kiesbarre** für längere Zeit frei von Überflutung, **trocknet** die obere Schicht der **Barre aus**. Da die aufliegenden Sande nun nicht mehr durch Feuchtigkeit kohärent sind, bieten sie dem Wind genügend Angriffsfläche und Material, um **äolisch** verweht zu werden. Auf der ursprünglichen Barre kommt es zu Verwehungen und dem **Aufhäufen von Dünen**, die über das Springtidenniveau hinausragen und so bei der nächsten Springtide erhalten bleiben (Ahnert F., 1996). Im räumlichen Vorfeld der Insel entwickelt sich eine Zonierung des Strandes nach dem litoralen System und mit einem Nettomaterialzuwachs von Seiten des offenen Meeres. Es entstehen sog. **Barriere Insel.** Zu diesem Typ zählt die West- und Ostfrisische Inselkette (Ehlers, J. 1994, S. 6).

Der zweite von drei Inseltypen bildet sich um einen **Inselkern** aus altem Material. **Pleistozäne und z.T. tertiäre** Ablagerungen, also Moränen, bilden im Fall Sylts, Föhrs und Amrum Ausgangsbasis für die marine Ablagerung von Sedimenten, nach dem vorher geschilderten Vorgang (Streif, H. 1978, S. 26).

Ein dritter Inseltyp sind die Inseln, die aus ehemaligem **Festland** bestehen. Durch **Sturmfluten** sind v.a. im Mittelalter, damals bereits kultivierte Landpassagen, unwiederbringlich überflutet worden. Zu diesen sog. Marscheninseln zählen Pellworm und die Halligen im Südosten der deutschen Bucht (Ehlers, J. 1994, S. 8). Die Nordseeinseln grenzen die Watten zur offenen See hin ab.

4.3 Die Entstehung der Watten unter dem Einfluss der Gezeiten

Wie bereits erwänt ist Wattenküste in besonderem Maße von der Kraft der Gezeiten geformt worden. Als Watt bezeichnet man einen flachen Küstensaum, aus Sand und Schlick bestehend, der unter dem Einfluss von Ebbe und Flut liegt und **abwechselnd** von Meerwasser **bedeckt** wird, anschließend wieder viele Stunden **trocken** fällt. Der Einfluss der Gezeiten überwiegt hier deutlich gegenüber dem der Brandung. Diese Bedingungen führen sowohl im sedimentologischen Aufbau, als auch in biologischer Hinsicht zu einem Milieu, das wir Watt nennen (Kelletat, D. 1989, S. 140).

Die Flut strömt samt Schwebfracht von der offenen See auf die Küste zu. In der deutschen Bucht durchfließt das Wasser zunächst durch so genannte Tiefs, eine Art Kanäle zwischen den Inseln. Diese **Tiefs** werden, je nach Tiefe und so lange sie ständig Wasser führen, auch **Balje** genannt. Sie untergliedern die Wattfläche in einzelne Wattplaten. Sie verzweigen sich immer weiter und werden, sobald sie nicht fortwährend Wasser führen zu s.g. **Prielen,** die sich über die einzelnen Wattplaten erstrecken. Durch dieses verzweigte Kanalsystem steigt das Wasserniveau über dem Watt ständig an, bis es bei Tidenhochstand vollständig überschwemmt ist.

Beim **Kentern** der Flut setzt sich die mitgebrachte Schwebfracht auf den Wattflächen ab. Der Ebbstrom nimmt in der Anfangsphase der fallenden Tide an Stärke zu, erreicht seine höchste Fließgeschwindigkeit aber erst, wenn die Wattflächen bereits trocken gefallen sind. Die größte Erosionskraft wird erreicht, wenn die anfallenden Wassermassen durch das erwähnte Kanalsystem zurück ins Meer fließen. Dieser Rückfluß ist im eigentlichen Sinne verantwortlich für das stark ausgeprägte Prielnetz. Bei diesem Vorgang bleibt ein Teil der von der Flut mitgebrachten **Schwebfracht** auf der Wattfläche liegen, da hier die Rückströmung nie ein gewisses Maß an Erosionskraft überschreitet. Das Watt wird dadurch aufgehöht (Ahnert, F. 1996, S. 368).

Man unterscheidet an der Nordsee zwei Typen von Watten: zum einen die **Sandwatten,** die im Bereich stärkerer Fließgeschwindigkeiten und Erosionskräfte liegen, zum anderen die **Schlickwatten**, die aus feineren Schluffen und Tonen bestehen, sowie auch aus organischen Substanzen von Flora und Fauna. Insgesamt nimmt die Korngröße der abgelagerten Sedimente vom Meer zum Land hin ab, d.h. zum Land hin werden sie immer feiner (Kelletat, D. 1989, S. 140)

4.4   Marschen

Je höher die Wattenfläche aufgehöht wurde, desto seltener wird sie überflutet, und desto besser sind die Bedingungen für eine erste Vegetation. Die noch salzigen Flächen werden von s.g. **Halophyten** besiedelt, besonders salzresistenter Vegetation, wie z.B. dem **Queller**, welche auch ein vollständiges Untertauchen bei eventuellen Sturm- oder Springfluten verkraften. Durch die Pflanzen wird nicht nur das Sediment gefestigt, sondern sie bieten auch einen zusätzlichen Fang für weitere Schwebeteilchen und erhöhen so Sedimentationsrate. So beschleunigt sich das **Wachstum der Wattenfläche** bis über die Hochwasserlinie Die neugewonnene Fläche bezeichne man als Marschen. Später wird der Queller von salzigen Gräsern abgelöst (Kelletat, D. 1989. S. 141).

5.   Nachtrag

Abschließend ist festzuhalten, dass in der Kürze dieser Arbeit die Fragilität des Ökosystems Watt nicht betrachtet wurde. Es bildet einen Lebensraum für verschiedenste Arten und Gattungen von Flora und Fauna, die hier über die Entstehungsgeschichte hinweg einen sehr fein austarierten einzigartigen Lebensraum gefunden haben. Durch anthropogene Eingriffe, die hier aus Platzgründen unerwähnt bleiben mussten, wie der Verlust weiter Marschflächen im Mittelalter, ausgelöst durch Torfstich, oder die Verschmutzung und die Überfischung der Nordsee in heutiger Zeit, sowie den Klimawandel der letzten Jahre steht das Wattenmeer ständig in der Gefahr sukzessive vernichtet zu werden. Dies wäre nicht nur für die Anreiner im wirtschaftlichen Sinne verheerend, sondern würde unwiderbringlich einen einmaligen Teil unserer Umwelt zerstören. Nicht zuletzt die zahlreichen Initiativen und die umfangreiche Literatur, die sich dem Watt widmen, zeigen deutlich den gesteigerten Handlungsbedarf, der zum Schutze dieses Küstenabschnitts herrscht.

Peter Latzke

6.   Literaturverzeichnis

Ahnert, F. (1996): Einführung in die Geomorphologie. (:UTB), Stuttgart.

Behre, K. –E. (1978): Die Geschichte des Jadebusens und der Jade.
In: Reineck, H.-E.(Hrsg.) (1978) [1970]:, Das Watt – Ablagerungs- und Lebensraum.
(:W. Kramer & Co. oHG), Frankfurt, S. 39 – 49.

Ehlers, J. (1994): Geomorphologie und Hydrographie des Wattenmeeres.
In: Lenz W. (Hrsg.) 1994, Warnsignale aus dem Wattenmeer - wissenschaftliche Fakten.
(:Blackwell Fachwissen), Berlin, Oxford et al., S. 1-11.

Gierloff-Emden, H.-G. (1980): Geographie des Meeres/1, (:deGruyter), Berlin.

Hofstede, J. (1991), Hydro- und Morphodynamik im Tidebereich der Deutschen Bucht.
In: Berliner Geographische Studien, Bd 31.

Kelletat, D. (1989): Physische Geographie der Küsten und Meere: eine Einführung.
(:Teubner Studienbücher), Stuttgart.

Streif, H.-J. (1978): Geologie des Nordsee Beckens.
In: Reineck, H.-E.(Hrsg.) (1978) [1970]:, Das Watt – Ablagerungs- und Lebensraum.
(:W. Kramer & Co. oHG), Frankfurt, S. 19 – 30.

Taubert, A. (1986): Morphodynamik und Morphogenese des Nordfriesischen
Wattenmeeres (Deutsche Bucht, Nordsee) – Durch Untersuchungsstrategie zu neuen
Sachaussagen. In: Hamburger Geographische Studien, Bd 42.

Internetseiten:

http://satgeo.zum.de/satgeo/beispiele/kuesten/kuestenformen_05.htm (18.6.2004)

http://www.nordwestreisemagazin.de/ebbeflut.htm (21.6.2004)

http://rapidfire.sci.gsfc.nasa.gov/gallery (25.6.2004)